我心里一点儿都不酸！

桂图登字：20-2019-044

Copyright 2019 by Editions Nathan, SEJER, Paris-France
Original edition: LA SCIENCE EST DANS LE CITRON
by Cécile Jugla & Jack Guichard & Laurent Simon

图书在版编目（CIP）数据

柠檬 /（法）西西里·雨果拉，（法）杰克·吉夏尔著；（法）罗朗·西蒙绘；曹杨译 . — 南宁：接力出版社，2021.3
（万物里的科学）
ISBN 978-7-5448-7022-1

Ⅰ.①柠…　Ⅱ.①西…②杰…③罗…④曹…　Ⅲ.①科学实验-儿童读物　Ⅳ.① N33-49

中国版本图书馆 CIP 数据核字（2021）第 017529 号

责任编辑：郝　娜　陈潇潇　　美术编辑：王　辉
责任校对：张琦锋　责任监印：史　敬　　版权联络：闫安琪
社长：黄　俭　　总编辑：白　冰
出版发行：接力出版社　　社址：广西南宁市园湖南路 9 号　　邮编：530022
电话：010-65546561（发行部）　　传真：010-65545210（发行部）　　http://www.jielibj.com
E-mail:jieli@jielibook.com　　印制：北京富诚彩色印刷有限公司　　开本：889 毫米 ×1194 毫米　1/16
印张：2　字数：30 千字　　版次：2021 年 3 月第 1 版　　印次：2021 年 3 月第 1 次印刷
印数：00 001—12 000 册　　定价：36.00 元

万物里的科学

柠檬
NINGMENG

[法]西西里·雨果拉 [法]杰克·吉夏尔 著

[法]罗朗·西蒙 绘   曹杨 译   付强 审订

接力出版社
Publishing House

目录

认识柠檬

从厨房的水果篮里拿出一个柠檬，仔细观察它。

它是什么形状的？

正方形　　椭圆形　　圆形　　三角形　　难以形容的
　　　　　　　　　　　　　　　　　　　　　　形状

答案：椭圆形

它是什么颜色的？

紫色　　橙色　　米色带豹点　　白色　　　黄色　　绿色带粉红点

答案：黄色

它的重量相当于：

一杯酸奶　　　一个朝鲜蓟　　　一罐苏打水

答案：一杯酸奶

> 这是个青柠檬，也叫"莱檬"；它是黄柠檬的"表兄弟"。

你认为柠檬生长在：

土里　　　　地面上　　　　树上　　　　水里

答案：柠檬是长在橘树的果实，通过肥胖的嫩枝在在树上的。柠檬树的最一种小乔木。

在下列水果中，找出柠檬的三个
"表兄弟"。

樱桃

香蕉

菠萝

橙子

桃子

苹果

橘子

杏

柚子

答案：橙子、橘子、柚子，它们和柠檬都属于柑橘类水果。

太棒啦，柠檬向你透露了自己的秘密。现在，快翻到下一页，去进一步了解它吧！

5

柠檬里有什么？

找个大人把柠檬切成两半，观察一下柠檬里面的样子吧！

叶子

柠檬由8—12瓣瓤囊组成，瓤囊里有果肉和果汁。数数看你的柠檬有几瓣吧！

中轴

果皮由两部分组成：

外层果皮是黄色的，比较硬。这就是**柠檬皮**。

内层果皮是白色的，比较软。

我曾经把一粒柠檬籽种进了土里……现在已经长出柠檬啦！你也像我一样试试吧！

柠檬籽是柠檬的种子。你的柠檬里有几粒柠檬籽？

梗柄

再说件小事

观察柠檬皮。在黄色的果皮上，你能看到一些盛满液体的"小水袋"：里面的液体就是柠檬油，也叫柠檬精油。戳破水袋尝一尝：味道是苦的哟。

我把柠檬皮擦成小细丝：好香呀！用来做蛋糕绝对完美！

嗯，真香！

真棒，你已经完全了解了柠檬的构造！

挤挤柠檬

柠檬果肉里排列着很多细长的"小水袋"，柠檬汁就藏在这些"小水袋"里。

你看这两杯果汁有什么区别？

一个柠檬可以挤出4到5汤匙柠檬汁。你的柠檬能挤出多少柠檬汁呢？

用手挤压半个柠檬得到的果汁

用手动榨汁机从半个柠檬榨出的果汁

再说件小事

在切开柠檬进行挤压前，把它放在桌上用力滚动：这样可以弄破"小水袋"的薄膜，释放出柠檬汁。

答案：手动榨汁机榨出的柠檬汁更多，里面既没有果肉，也没有柠檬籽。

手动榨汁机是怎样工作的？

把半个柠檬倒扣在榨汁机的尖端，用力向下压，来回转动挤出果汁。

榨汁机上的棱条划破"小水袋"的薄膜，柠檬汁流进了下面的碗里。

果肉和柠檬籽则留在了筛网上。

 你已经知道了提取柠檬汁最有效的方法，还明白了手动榨汁机的工作原理，堪称技术达人啦！

让柠檬漂起来

把两个黄柠檬和一个青柠檬放进水里。

嘿嘿，我的黄柠檬在水上漂起来啦！

青柠檬沉到了水底！

为什么黄柠檬漂在水面上而青柠檬却沉到了水底？

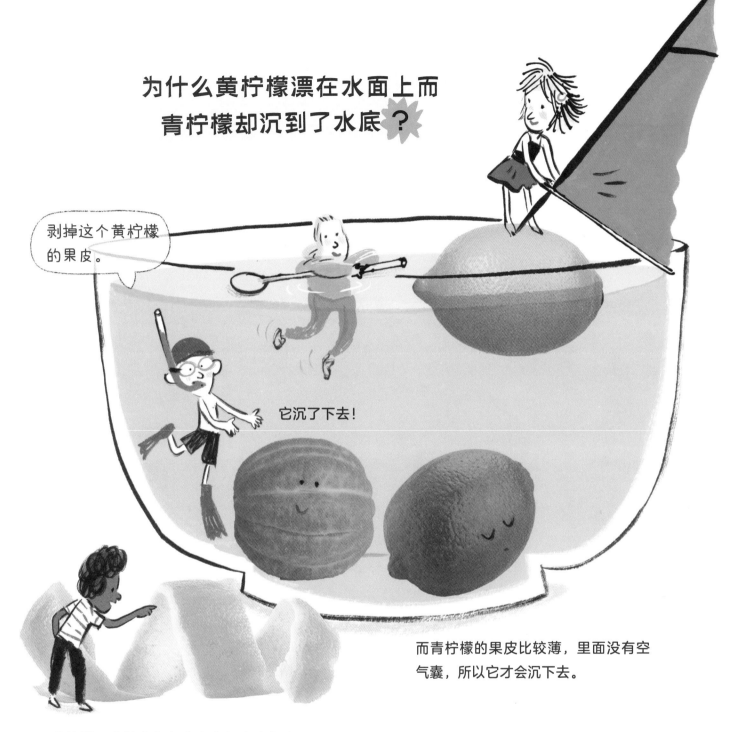

剥掉这个黄柠檬的果皮。

它沉了下去！

而青柠檬的果皮比较薄，里面没有空气囊，所以它才会沉下去。

黄柠檬果皮的白色部分含有很多空气囊，所以它才能漂在水面上。

 祝贺你，你发现了空气能让你的柠檬漂起来，这体现的就是阿基米德浮力定律！

防止苹果变黑

4小时后，两块苹果变成了什么样子呢？

我的肤色真漂亮！

柠檬汁就是我的防晒霜！

没涂柠檬汁的半个苹果变黑了。

涂了柠檬汁的半个苹果还保持着原来的颜色。

为什么柠檬汁可以防止苹果变黑？

接触到空气中的氧气后，苹果的果肉会因为发生反应而变黑——这就是形成黑色素的氧化过程。

柠檬汁里富含维生素 C，可以阻止苹果果肉发生氧化反应。

难以置信！

香蕉和牛油果很容易被氧化；甜瓜和西红柿却不容易被氧化，因为它们本身富含维生素 C。

你测试了柠檬汁的抗氧化性，太厉害啦！

13

清洗硬币

我的硬币是新的：这红棕色可真漂亮，还闪闪发光呢！

新硬币是红棕色的，因为含有金属铜。

唉，我的硬币又旧又黑。

时间久了，铜会和空气中的氧气发生反应，被氧化的硬币变黑了。

我知道该怎样清洗我的硬币……

1小时后……

看，我把硬币擦干净了：插进柠檬里的那一半和新的一样！

谢谢你的小妙招！

硬币为什么变干净了？

柠檬汁里的柠檬酸与硬币的黑色表面（也就是氧化层）发生了反应，破坏了氧化层！

难以置信！

由于具有脱氧性，柠檬可以用来清洁餐具、金属制品，还能漂白衣物。

你已经观察到了柠檬汁的脱氧性，祝贺你！

秘密留言

5分钟后，留言消失了。

为什么柠檬汁会在受热后显现出颜色？

因为柠檬汁里含有糖。受热后，糖发生焦化，变成了红棕色，和白糖在锅里熔化变成焦糖是一个道理。

你已经发现了柠檬汁里含糖，糖会在受热时焦化。真棒！

1小时后：
紫甘蓝汁凉了

用小漏勺把紫甘蓝汁过滤后，装进三个杯子。

A

B

C

碎菜叶留在了漏勺里。

加入 4 汤匙柠檬汁。

加入 4 汤匙白醋。

B

C

变变变变变！紫甘蓝汁变成了红色。是不是很神奇？

这是怎么回事？

接触到酸性物质后，紫甘蓝汁会变成鲜红色。这说明，柠檬汁和醋一样具有酸性！喝上一口纯柠檬汁，你就知道了：真的超级酸！

现在，你知道该怎样辨别酸性物质啦，真是个化学小天才！

自制鲜奶酪

准备 500 mL 牛奶。

牛奶要用小火加热，不要煮沸：一出现小泡泡，就马上关火。

在热牛奶中加入 4 汤匙柠檬汁。你有没有看见什么东西？

看见了，牛奶的一部分凝结变成固体了。

黄色透明液体：乳清

小硬块：凝乳

牛奶为什么会凝结？

又是个化学反应！柠檬汁里的柠檬酸使一部分牛奶凝结变成了固体。

1小时后

把凝乳倒在滤布上。

薄布或纱布

随后，我们把沥干的凝乳放进冰箱。

随着乳清向下滴落，凝乳渐渐被沥干。

6小时后

从冰箱中取出凝乳，混入食盐和剁碎的小香葱。

啧啧，把奶酪涂在面包上，真香！

小小厨师，你已经学会怎样使牛奶凝固了，这可是制作奶酪的第一步哟！

看看谁冒泡了

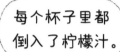

每个杯子里都倒入了柠檬汁。

我的塑料小人儿不冒泡!

我的玻璃球上一个泡泡都没有!

我的贝壳冒了好多小泡泡。

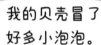

哧哧!

我的粉笔好像个泡腾片!

为什么会冒泡？

因为柠檬汁里的柠檬酸和贝壳、粉笔里的碳酸钙发生反应，生成了二氧化碳气体，继而产生了气泡。

然后……你看见了什么？

贝壳里的钙逐渐流失，变成了一团白白的东西。

蓝色粉笔里的钙和色素很快就分散到了柠檬汁里：柠檬汁变蓝了。

难以置信！

柠檬汁也可以去除水龙头上的水垢，让水龙头变得焕然一新！

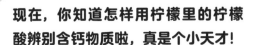

现在，你知道怎样用柠檬里的柠檬酸辨别含钙物质啦，真是个小天才！

制作"火山"

我把两个柠檬挤出的柠檬汁和等量的水倒进一个瓶子里。

再加入 1 汤匙红色糖浆,调制出熔岩的颜色。

我们负责用沙子堆一座"火山"。

喷出的熔岩是怎么回事？

柠檬汁里的柠檬酸和小苏打发生化学反应，生成了二氧化碳气体。瓶子里的红色液体就是被二氧化碳气泡顶出来的。

再说件小事

用柠檬汁、等量的水、1汤匙糖和少许小苏打，自制苏打水吧！

小苏打和柠檬可以反应生成大量二氧化碳。你已经牢牢记住这个化学反应啦，真棒！